BERICHT

über

„Nasser und trockener Kompressorgang mit selbsttätigem Regel-Verfahren der Kompressions-Kaltdampfmaschinen"

Dem I. Internationalen Kongreſs der Kälte-Industrie Paris 1908

vorgelegt von

Gustav Döderlein,

Doktor der techn. Wissenschaften, Direktor der Sächsischen
Maschinenfabrik vorm. Rich. Hartmann, Akt.-Ges., Chemnitz.

Mit 3 lithographierten Tafeln

(Sonderabdruck aus der Zeitschrift für die gesamte Kälte-Industrie)

München und Berlin
Druck und Verlag von R. Oldenbourg
1908.

Einleitung.

Die Entwickelungsgeschichte der Kompressions-Kaltdampfmaschine von ihrer Entstehung bis heute bietet ein lehrreiches Beispiel für den hohen Wert wissenschaftlicher Forschung bei der Erfindung und Vervollkommnung von Maschinen; sie beweist aber auch die Notwendigkeit sorgfältiger Nachprüfung der wissenschaftlichen Voraussetzungen durch den Versuch an der ausgeführten Maschine.

Die Ammoniak-Kaltdampfmaschine, welche wir nach ihrem genialen Erfinder »Lindemaschine« nennen, verdankt ihre Entstehung tatsächlich zufälligen wissenschaftlichen Studien, welche Professor Dr. v. Linde anfangs der siebziger Jahre vorigen Jahrhunderts den damaligen Kältemaschinen widmete, und welche ihn von den Unvollkommenheiten derselben überzeugten, so daſs er sich ihre Verbesserung auf wissenschaftlicher Grundlage zum Ziel setzte.

Für die Ausführung der Lindemaschine bildete dann die möglichst vollkommene Durchführung des Carnotschen Kreisprozesses mit Ammoniak als Kältemittel den leitenden Grundgedanken, und es darf als bekannt vorausgesetzt werden, welche auſsergewöhnlichen Erfolge die Maschine innerhalb kurzer

1*

Zeit erzielte. Lange Jahre blieben alle Bestrebungen zur Verbesserung des Arbeitsprozesses ohne wesentlichen praktischen Erfolg und schienen auch vom rein thermodynamischen Gesichtspunkte aus nahezu aussichtslos. Erst als zahlreiche Versuche an ausgeführten Maschinen und die wissenschaftliche Verarbeitung der Versuchsergebnisse die Lückenhaftigkeit der Kenntnisse von den wirklichen thermischen Vorgängen in der Maschine erwiesen hatte, fand sich ein neuer Weg zu weiterer Verbesserung, welcher nun einleitend beleuchtet werden soll. Der Carnotsche Lehrsatz fordert zur Erzielung der Höchstleistung mit geringstem Arbeitsaufwand adiabatische und isothermische Kompression. Sind die Arbeitsmittel nicht Gase, sondern Dämpfe, so muß während der adiabatischen Kompression jede Überhitzung vermieden werden, was einen gewissen Flüssigkeitsgehalt der Dämpfe während derselben bedingt. Man regelte deshalb den Gang der Maschine mittels des Regulierventils so, daß die Dämpfe naß in den Kompressor eintraten und bei ihrem Austritt keine Überhitzung fühlbar wurde.

Dabei war man überzeugt, daß die Dämpfe auch im Kompressor sich nicht überhitzten und daß die thermodynamischen Bedingungen tatsächlich erfüllt seien, während diese Annahme sich später als irrig erwies.

Lorenz hat für diese Art der Maschinenregulierung die treffende Bezeichnung »Nasser Kompressorgang« eingeführt im Gegensatz zum »Trockenen Kompressorgang«, bei welchem im Kompressor nur mit trockenen Dämpfen gearbeitet wird. Bei den bekannten Münchner Leistungsversuchen an Kältemaschinen wurde während der ersten Versuchsreihe der Kompressorgang der Ammoniakmaschine

so reguliert, dafs die Druckrohre ungefähr die Sät-
tigungstemperatur der verdichteten Dämpfe hatten,
dafs also keine Überhitzung am Druckrohre fühlbar
wurde. Bei der zweiten Versuchsreihe dagegen
arbeitete die Lindemaschine mit Druckrohrtempe-
raturen von ungefähr 40⁰, wobei sie eine beträchtlich
höhere Leistung erzielte, was zum Teil auf die
Überhitzung zurückgeführt werden mufste. Die
Seybothsche Maschine aber arbeitete mit Druck-
rohrtemperaturen von ungefähr 70⁰ und ergab eine
niedrigere spezifische Leistung. Aus diesen und
anderen Versuchsergebnissen glaubte man schliefsen
zu müssen, dafs die strenge Durchführung des
Carnotschen Prinzips in Wirklichkeit nicht die
Höchstleistung erzielt, sondern dafs mit der fühlbaren
Überhitzung bis zu einer gewissen Grenze die
Leistung steigt, darüber hinaus aber wieder fällt.

Die erste Erklärung dieser auffallenden Erscheinung versuchte H. Lorenz in einer Abhandlung,
welche er im Jahre 1897 veröffentlichte.

Er stellte darin die Tatsache fest, dafs die Ver-
dichtungskurven von Indikatordiagrammen ausgeführter Kaltdampfmaschinen für nassen und trockenen Kompressorgang keine merkliche Abweichung
zeigen, und schlofs daraus, dafs auch bei nasser
Kompression Überhitzung der Dämpfe stattfindet,
welche aber am Druckrohr nicht fühlbar sind.

Diese Anschauung haben meine Untersuchungen
später im wesentlichen bestätigt, nur fand ich eine
andere Erklärung dieser Erscheinung, als Lorenz
sie gegeben hat, wahrscheinlicher, worüber ich in
der Zeitschr. d. Ver. Deutscher Ing. 1906 berichtet
habe. — Lorenz entwickelte auch eine neue Theorie
des nassen Kompressorganges, deren Ergebnis einen
allerdings so kleinen Kältegewinn für trockenen

Kompressorgang nachweist, dafs er das bequemere
nasse Arbeiten auch ferner für die Ammoniakmaschine für zweckmäfsiger hielt.

Eine genügende Begründung der wirklichen
beträchtlichen Leistungssteigerung mit mäfsiger
Überhitzung gab also auch die Lorenzsche Theorie
nicht, und erst meine Bearbeitung des wertvollen
Münchner Versuchsmaterials sowie zahlreiche eigene
Sonderversuche lieferten den Nachweis für dieselbe.
Die Ergebnisse dieser Forschungen sind in meiner
Schrift »Prüfung und Berechnung ausgeführter
Kältemaschinen an Hand des Indikatordiagramms«,
Oldenburg 1903, veröffentlicht, und mit Hilfe derselben werde ich später versuchen, den Einflufs
der Überhitzung auf die spezifische Leistung rech-
nerisch abzuleiten und zu erklären. Hier will ich nur
das Hauptergebnis meiner damaligen Untersuchungen
wiedergeben, welches ich in den Leitsatz fafste:

»Man mufs im Refrigerator möglichst
nafs, im Kompressor möglichst trocken
arbeiten«.

Die in der Münchner Versuchsstation gemachte
Erfahrung veranlafste die Gesellschaft Linde zunächst
zur Aufsuchung mechanischer Mittel zur Herstellung
und Erhaltung konstanter Überhitzungstemperaturen.
So entstand die Konstruktion (Zusatzpatent zum
D. R. P. Nr. 1250 vom 7. Juli 1883) eines selbsttätig
durch die Temperatur im Druckrohre regulierten
Flüssigkeitsventils. Indessen erschien zu jener Zeit
die leichte Führung des nassen Kompressorganges
wichtiger als die Steigerung der Maschinenleistung,
weshalb die hierauf gerichteten Bestrebungen zurück-
traten.

Im Jahre 1900 schlug ich zur Durchführung
oben erwähnten Prinzips die Einschaltung eines

Flüssigkeitsabscheiders in die Saugleitung zwischen Refrigerator und Kompressor und Rückführung der abgeschiedenen Flüssigkeit in den Refrigerator vor. Die gleiche Einrichtung hatte sich die Gesellschaft Linde schon im Jahre 1896 zu anderem Zwecke patentieren lassen, nämlich zur Verhütung von Flüssigkeitsschlägen im Kompressor bei Luftkühlung durch das verdampfende Kältemittel. Mit einer solchen Einrichtung wurde dann die Maschine der Brauerei Printz in Karlsruhe zu Versuchszwecken ausgerüstet und von mir untersucht. Sie muſs als erste Überhitzungseinrichtung im heutigen Sinne bezeichnet werden. Die Versuche zeitigten aber keinen merklichen Erfolg, da der Flüssigkeitsabscheider zu klein bemessen und zu niedrig angeordnet war. Die Flüssigkeitsabscheidung und Rückführung war daher nur eine sehr unvollkommene.

Inzwischen hatte sich auch Ingenieur Schmitz in Berlin mit ähnlichen Studien befaſst und erwarb im Jahre 1903 ein Patent 130647 auf eine Einrichtung zur Verbesserung der Regulierung, welche sowohl Flüssigkeitsabscheidung als auch Rückführung bedingte und sich nur in der Ausführung von meinem Vorschlage unterscheidet.

In Gemeinschaft mit der »Gesellschaft Linde«, welcher das Schmitzsche Patent angeboten worden war, führte Herr Schmitz Versuche nach seinem Verfahren an einer Lindemaschine im Eiswerk Antwerpen aus, welche dadurch mit voller Überhitzung arbeitete und Mehrleistungen von ungefähr 15 v. H. erzielte.

Kurze Zeit darauf wurde dieselbe Maschine mit einer Überhitzungseinrichtung nach meinem früheren Vorschlag, also nach dem älteren Lindeschen Patente versehen, und die Versuche ergaben annähernd die gleiche, ja noch eine etwas höhere Leistungssteigerung.

Nachdem ich nun versucht habe, einen Überblick über die Entwickelungsgeschichte des nassen und trockenen Kompressorganges zu geben, gehe ich zur rechnerischen Untersuchung über.

In der Zeitschr. d. Ver. Deutscher Ingenieure, Jahrg. 1906, S. 257, habe ich eine bildliche Darstellung der Arbeitsvorgänge und Zustandsänderungen des Kältemittels in allen Teilen der Kompressionskältemaschine veröffentlicht, auf welche ich hier Bezug nehme. Die Abbildungen dieses Aufsatzes gebe ich im Anhang Tafel I und II wieder.

Berechnung der Kälteleistung.

In meinem Buche »Prüfung und Berechnung ausgeführter Kältemaschinen an Hand des Indikatordiagramms« wurde zur Berechnung der Kälteleistung pro Hub » W_r « eines Kompressors folgende Formel abgeleitet:

$$W_r = \eta_v \cdot \eta_i \, \frac{V_h}{v_a} \left(r - \frac{1}{x_a} \, W_f \right) \quad . \quad . \quad . \quad 1)$$

hierin bedeutet:

v_a das spez. Dampfvolumen i. Pkt. A der Fig. 2,

x_a die spez. Dampfmenge i. » A » » 2,

r die Verdampfungswärme eines Kilogramm des im Refrigerator verdampfenden Kältemittels,

W_f die Flüssigkeitswärme, welche 1 kg des Kältemittels aus dem Kondensator in den Refrigerator mitbringt und an das Salzwasser überträgt,

V_h das Hubvolumen des Kompressors,

η_v den sichtbaren volumetrischen Wirkungsgrad s. Fig. 2,

η_i den indizierten Wirkungsgrad, der sämtliche inneren, aus dem Diagramm nicht ersichtbaren Verluste im Kompressor einschliefst.

Aus dieser Gleichung geht hervor, dafs die Refrigeratorleistung W_r für $x_a = 1$, also für trockenen Kompressorgang, ihren Höchstwert erreicht. Dieser theoretisch nachweisbare Vorteil des trockenen Kompressorganges beträgt aber innerhalb praktisch zulässiger Werte von x_a kaum mehr als ein Hundertel der Refrigeratorleistung, und der Klammerwert weicht unter gewöhnlichen Betriebsverhältnissen überhaupt sehr wenig von der Zahl 300 ab. Wir können deshalb die Gleichung 1)˙ für praktische Zwecke vereinfachen in die Form:

$$W_r = 300\, \eta_v \cdot \eta_i\, \frac{V_h}{v_a} . \quad \ldots \quad 2)$$

Berechnung der indizierten Kompressorarbeit.

Zur Berechnung der indizierten Arbeit aus dem Diagramm mufs zunächst Art und Verlauf der wirklichen Indikator-Kompressionskurve ermittelt werden.

Die Thermodynamik bietet uns hierzu zwei Grenzkurven, innerhalb welcher die Indikatorkurve verlaufen mufs, nämlich eine obere für die adiabatische Kompression vollkommen trockener Dämpfe, ich nenne sie »Trockene Adiabate«, und eine untere, für die Kompression vollkommen nasser Dämpfe, »Nasse Adiabate«.

Eine isothermische Kompression von anfangs gesättigten Dämpfen ist unmöglich, wenn man von ungewöhnlich grofsen Undichtheiten der Abschlufsteile absieht; es ist deshalb unverständlich, dafs Stetefeld und andere die »Isotherme« als untere Grenzkurve annehmen.

Der nasse Kompressorgang bezweckt, dafs die Kompression nach der nassen Adiabate erfolgen soll, indem die entstehende Kompressionswärme durch Verdampfen von Flüssigkeitsteilchen in latente Wärme übergeführt würde.

Wie schon in der Einleitung erwähnt wurde, beweisen meine Untersuchungen die Richtigkeit der Lorenzschen Hypothesen, dafs auch bei nassem Kompressorgang Überhitzung eintritt und die Kompression annähernd nach der trockenen Adiabate erfolgt.

Für die Berechnung der indizierten Arbeit ergibt sich hieraus die wertvolle Schlufsfolgerung, dafs die Indikatorkurve unter gewöhnlichen Verhält-nissen immer als trockene Adiabate anzusehen ist und durch die Polytropengleichung $p \cdot v^n =$ Const. ausgedrückt werden kann, für welche bei Ammoniak $n = 1{,}32$ ist. Bezeichnet man noch den Enddruck der Kompression, den »Verdrängungsdruck«, mit p_v, so ist für einen Kolbenhub die indizierte Arbeit ausgedrückt durch die Formel:

$$L_i = \frac{n}{n-1} p_a \cdot V_h \left[\left(\frac{p_v}{p_a} \right)^{\frac{n-1}{n}} - 1 \right] \quad . \quad . \quad 3)$$

Zufälligerweise ergibt die Berechnung des Klammer-ausdrucks für gewöhnliche Betriebsverhältnisse einer Ammoniakmaschine mit genügender Genauigkeit den Wert $0{,}1 \frac{p_v}{p_a}$, so dafs sich die Formel sehr ver-einfacht und lautet:

$$L_i = 0{,}1 \frac{n}{n-1} p_v \cdot V_h \quad . \quad . \quad . \quad . \quad 4)$$

Allgemein erhalten wir also zur Berechnung der indizierten Arbeit die Gleichung:

$$L_i = \text{Const } p_v \cdot V_h \quad . \quad . \quad . \quad . \quad 5)$$

Diese Formel ist für die Praxis der Kältetechnik äufserst wertvoll, denn sie zeigt, dafs der Arbeitsverbrauch annähernd proportional ist dem Kondensatordruck.

Berechnung der spez. Kälteleistung.

Durch Division der beiden Hauptgleichungen 2 und 5 erhalten wir endlich für die gesuchte spez. Kälteleistung die Beziehung:

$$W_{spec} = \frac{W_r}{L_i} = \text{Const} \; \frac{\eta_v \cdot \eta_i}{v_a \cdot p_v} \quad . \quad . \quad . \quad 6)$$

Dieselbe ist also nur von den vier Gröfsen η_v, η_i, v_a, p_v abhängig, und ich will zuerst untersuchen, wie sich der Wert v_a, das ist das spez. Dampfvolumen am Ende des Kolbenhubs beim Ansaugen bildet, wenn die Maschine im Beharrungszustande ist.

v_a steht mit dem Druck p_a und der Temperatur t_a in unveränderlichem Zusammenhang solange die Dämpfe nicht überhitzt sind, und wir lernen die Umstände, welche die Gröfse von V_a beeinflussen, am anschaulichsten aus Taf. I Fig. 3 kennen.

In diese habe ich die sog. normalen Salzwassertemperaturen, wie sie in der Kältetechnik vereinbart worden sind, nämlich $t_{se} = -2^0$ und $t_{sa} = 5^0$ eingetragen und durch eine gerade Linie verbunden.

Der wirkliche Verlauf dieser Temperaturlinie weicht hiervon etwas ab, da einerseits die der Eintrittsstelle zunächstliegenden Sooleschichten im Refrigerator je nach der Wirksamkeit des stets vorhandenen Rührwerks schon kälter sind als t_{se}, und da anderseits die Temperaturlinie eine logarithmische Kurve sein müfste.

Jede Abweichung von der geraden Verbindungslinie verkleinert aber den wirksamen Temperaturunterschied d_r, ich nenne ihn die »Refrigeratordifferenz«, und es kann deshalb der geradlinige Verlauf der Linie als Idealfall angesehen und in die Rechnung eingeführt werden. Auch die Temperaturen des Kältemittels sind beim Ein- und Austritt aus dem Refrigerator infolge des Strömungswiderstandes nicht ganz gleich, aber die Abweichung ist gering und verursacht ebenfalls eine Verringerung der Refrigeratordifferenz, welche im Idealfalle nicht vorhanden sein sollte. Für diesen wäre also

$d_r = t_r - \dfrac{t_{se} + t_{sa}}{2}$. Aus den Münchener Versuchen

und durch eigene Messungen konnte ich nachweisen, dafs diese Refrigeratordifferenz für normale runde Salzwasserrefrigeratoren ungefähr proportional ist der Quadratwurzel aus der jeweiligen Beanspruchung der Kühlfläche B_r, d. h. der mit 1 qm der äufseren Kühlfläche F_r übertragenen Wärmemenge, also es ist

$$d_r = a_r \cdot \sqrt{\frac{W_r}{F_r}} = a_r \cdot \sqrt{B_r} \quad . \quad . \quad . \quad 7)$$

Berechnung der Refrigeratordifferenz.

Der Faktor a_r trägt allen Umständen, welche die Wirksamkeit der Wärmeübertragung beeinflussen, und auch der Ungenauigkeit der Formelableitung Rechnung. Da aber bei gleicher Konstruktion und bei annähernd gleichen Temperaturen diese Ungenauigkeiten ebenfalls gleich grofse sind, so kennzeichnet a_r hauptsächlich die Wirksamkeit des Apparates und wurde deshalb als »Wertmesser« bezeichnet.

Die Formel zeigt uns den grofsen Einflufs der Beanspruchung B_r auf die Refrigeratordifferenz und damit, wie wir sehen werden, auf die spez. Kälteleistung. Ich möchte daher auch an dieser Stelle

nochmals hervorheben, wie unzulässig der bisher
übliche Vergleich von Versuchsergebnissen ohne
Berücksichtigung der jeweiligen Beanspruchung
der Kühlfläche ist.

Für die vorliegende Aufgabe ist aber von besonderer Bedeutung der Umstand, daſs a_r auch
wesentlich von der Führung des Kompressorganges
abhängig ist. Je trockener nämlich die Dämpfe
den Refrigerator verlassen, um so schlechter wird der
Temperaturaustausch in der Nähe der Austrittsstelle
und um so gröſser wird die Refrigeratordifferenz.

Man kann diese Erscheinung deutlich am Saug-
manometer, welches die Refrigeratortemperatur anzeigt, erkennen, indem bei gleichbleibender Salz-
wassertemperatur mit steigender fühlbarer Überhitzung die Manometertemperatur t_r sinkt. Die
Temperatur t_r berechnet sich aus der Gleichung

$$- t_r = -\left(\frac{t_{ss} + t_{sa}}{2} + d_r\right).$$

Die gesuchte Temperatur t_a ist um einen von
den Ventil- und Leitungswiderständen abhängigen
konstanten Betrag niedriger als t_r.

Wir haben also gesehen, daſs die Temperatur t_a
mit zunehmender fühlbarer Überhitzung abnimmt
und damit in unveränderlichem Zusammenhang
steht eine Zunahme von v_a. Je n a s s e r wir daher durch den Refrigerator arbeiten, um so kleiner
wird v_a und um so gröſser, wie die Formel 6 beweist, die spez. Kälteleistung.

Damit ist die erste Forderung des in der Einleitung aufgestellten Leitsatzes für die Überhitzungseinrichtung begründet, welche lautete: »I m R e -
f r i g e r a t o r m ö g l i c h s t n a ſs a r b e i t e n.«

3

Volumetrischer und indizierter Wirkungs·grad.

Die beiden Wirkungsgrade η_v und η_i sind gleichartig abhängig von der Gröfse des Kompressors und dessen schädlicher Räume, von dem Druckverhältnis $\frac{p_v}{p_a}$ und von der Dichtheit der Abschlufsteile, aber insbesondere von der **Führung des Kompressorganges.**

Letzterer Umstand allein ist hier von ausschlaggebender Bedeutung, denn er erklärt endlich den wiederholt erwähnten scheinbaren Widerspruch zwischen Theorie und Wirklichkeit. Erst durch die Absonderung und Berechnung dieser Werte aus den Versuchsergebnissen gelang es, den Einflufs des Kompressorganges auf die Gröfse der Kälteleistung zahlenmäfsig festzustellen und wertvolle Schlufsfolgerungen daraus zu ziehen. Aus dem Münchener Versuchsmaterial und durch eigene Versuche an ausgeführten Maschinen konnte ich nachweisen, dafs beide Wirkungsgrade mit zunehmender Überhitzung ihre Höchstwerte erreichen.

Befindet sich nämlich im schädlichen Raume, wie es beim nassen Kompressorgang tatsächlich der Fall ist, Flüssigkeit, so verdampft diese während der Expansion und verschlechtert den sichtbaren volumetrischen Wirkungsgrad η_v, ohne die Arbeit wesentlich zu verringern; **aber auch die Verluste durch Undichtheiten der Kompressorabschlufsteile und der schädliche Wärmeaustausch durch die Zylinderwandungen** werden mit zunehmender Dampfnässe wirksamer und verschlechtern den indizierten Wirkungsgrad η_i.

Die aus meinen Versuchen ermittelten Zahlenwerte für η_v und η_i gibt folgende Zusammenstellung wieder:

Wirkungsgrad	Kleinere Maschinen			Größere Maschinen		
	η_v	η_i	$\eta_v \cdot \eta_i$	η_v	η_i	$\eta_v \cdot \eta$
ohne Überhitzung	0,75	0,60	0,45	0,90	0,83	0,75
mit Überhitzung .	0,85	0,80	0,68	0,98	0,90	0,88

Mehrleistung des trockenen Kompressorganges.

Da nun durch nasses Arbeiten im Refrigerator ein Rückgang der Refrigeratortemperatur vermieden wird, ermöglicht das Arbeiten mit Überhitzungseinrichtung gegenüber dem bisher üblichen nassen Kompressorgang für kleinere Maschinen eine Erhöhung des Produktes $\eta_v \cdot \eta_i$ um 0,23 und erzielt damit einen Leistungsgewinn bis zu $\frac{0,23}{0,45} \cdot 100 = 50\%$ und für größere Maschinen bis zu $\frac{0,13}{0,75} \cdot 100 = 17\%$. Bei Maschinen ohne Überhitzungseinrichtung steigt in gleichem Maße zwar das Produkt $\eta_v \cdot \eta_i$, aber gleichzeitig sinkt mit zunehmender fühlbarer Überhitzung die Refrigeratortemperatur, und es erklärt sich auf diese Weise, daß bei den Münchener Versuchsmaschinen schon bei mäßiger Überhitzung die Höchstleistung erreicht wurde. Ich werde später zeigen, daß mit mäßiger Überhitzung in der Praxis überhaupt nicht dauernd gearbeitet werden kann und für Maschinen ohne Überhitzungseinrichtung der nasse Kompressorgang die Regel bildet.

Damit ist nun auch die zweite Forderung des Leitsatzes für die Überhitzungseinrichtung begründet, welcher lautet:

›Im Kompressor möglichst trocken arbeiten.‹

Der letzte veränderliche Faktor unserer Formel 5 zur Berechnung der spez. Leistung ist der Verdrängungsdruck p_v:

Dieser wird vom Kompressorgang nicht unmittelbar und nur wenig beeinflufst, aber der Vollständigkeit halber will ich doch auch seine Entstehung verfolgen und die Mittel zu seiner Berechnung entwickeln.

Berechnung der Kondensatordifferenz.

Zu diesem Zwecke habe ich in die Fig. 3 Taf. I die normalen Kühlwassertemperaturen t_{ke} und t_{ka} eingezeichnet und durch eine gerade Linie verbunden; von dieser gilt das gleiche, was schon bei der Verbindungslinie der Soletemperaturen im Refrigerator ausgeführt wurde. Sie weicht von der wirklichen Temperaturlinie aus ähnlichen Gründen ab und ist nur als Idealfall zu betrachten. Auch die Temperatur des dampfförmigen Kältemittels ist nicht in allen Teilen des Kondensators die gleiche, und diejenige des flüssigen nähert sich rasch der Kühlwassereintrittstemperatur.

Auch hier berechnet sich annähernd der mittlere Temperaturunterschied, ›die Kondensatordifferenz‹ d_c zwischen Kühlwasser und Kältemittel nach der Formel

$$d_c = a_c \cdot \sqrt{B_c} \quad . \quad . \quad . \quad . \quad (8$$

Der Wertmesser a_c spielt fast eine gleiche Rolle wie a_r beim Refrigerator, nur wird er nicht durch die Überhitzung, sondern durch den Flüssigkeitsstand im Kondensator beeinflufst. Die Wertmesser

des Kondensators und Refrigerators haben für gute
Ausführungen dieser Apparate ungefähr die gleichen
Zahlenwerte, nämlich $a_r \approx a_c \approx 0,15$. Die Kon-
densatortemperatur t_c ist nun

$$= d_c + \frac{t_{kc} + t_{ka}}{2}$$

und der zugehörige Kondensatordruck p_c kann den
Dampftabellen entnommen werden. Der gesuchte
Verdrängungsdruck p_v ist um die Ventil- und Lei-
tungswiderstände gröfser.

Beispiel zur Berechnung der spez. Lei-
stung einer Maschine mit Überhitzungs-
einrichtung.

An einem Beispiel will ich nun die Verwer-
tung der abgeleiteten Formeln zeigen und zugleich
die mit einer NH$_3$-Maschine mit Uber-
hitzungseinrichtung erreichbare Höchstleistung für die Normaltemperaturen be-
rechnen, wenn die Kühlflächenbeanspruchungen
des Refrigerators 1200 WE und des Kondensators
rund 1400 WE betragen.

Die Ventil- und Leitungswiderstände nehme
ich für die Saugseite zu $p_r - p_a = 0,25$ kg/qcm
und für die Druckseite $p_v - p_c = 0,3$ kg/qcm an,
die Wertmesser $a_c \approx a_r \approx 0,15$,

dann ist $d_r = 0,15 \sqrt{1200} = .$. 5,2° C,

$\qquad d_c = 0,15 \sqrt{1400} = .$. 5,6° C,

$\qquad t_r = -3,5 - 5,2 = .$. $-8,7$° C,

$\qquad p_r = .$ . . . . . . 3,09 kg,

$\qquad p_a = 3,09 - 0,25$ . . 2,84 kg,

$\qquad v_a = .$ . . . . . . 445 Liter,

$\qquad t_c = 15 + 5,6$ . . . 20,6° C,

$\qquad p_c = .$ . . . . . . 8,97 kg,

$$p_v = 8{,}97 + 0{,}3 = \ . \ . \quad 9{,}27 \ \text{kg},$$

$$\eta_i \cdot \eta_o = \ . \ . \ . \ . \ . \ . \ . \quad 0{,}88,$$

$$W_{\text{spec.}} = \text{Const} \ \frac{\eta_v \cdot \eta_i}{p_v \cdot V_a} = 20\,000\,000 \cdot \frac{0{,}88}{445 \cdot 9{,}27} \eqsim 4270 \, \text{Cal.}$$

Beschreibung der Überhitzungseinrichtung.

Nachdem nun der zur Verbesserung des Arbeitsprozesses der bisherigen Lindemaschine aufgestellte Leitsatz: »Im Refrigerator möglichst nafs, im Kompressor möglichst trocken arbeiten«, begründet worden ist, gehe ich zur Beschreibung des Verfahrens und der Einrichtung zu seiner Verwirklichung über, welche schon eingangs »Überhitzungseinrichtung« genannt wurde. In Taf. II Fig. 1 ist die Maschine mit dieser Einrichtung versehen schematisch dargestellt, und es bedarf nach dem Vorausgegangenen nur weniger Worte zur Erklärung.

In die Saugleitung zwischen Refrigerator und Kompressor ist ein Abscheidegefäfs eingeschaltet, in welchem sich die Flüssigkeitsteilchen aus dem nassen Dampfe abscheiden und am Boden sammeln.

Die abgeschiedene Flüssigkeit kann entweder durch ihr Gewicht in den Refrigerator zurückfliefsen, wenn der Abscheider hoch genug steht, oder sie wird durch zwangläufige Vorrichtungen, z. B. mittels einer Pumpe zurückgefördert. Das Lindesche Patent sieht aufser diesen Arten der Rückführung in den Refrigerator auch noch die Rückführung in den Kondensator vor, worauf ich später zurückkommen werde.

Das eingangs erwähnte Schmitzsche Verfahren unterscheidet sich von dem Lindeschen wesentlich

nur dadurch, daſs der vom Regulierventil kommende nasse Dampf nicht zuerst in den Refrigerator, sondern in den Abscheider eintritt.

Im Gegensatz zu häufig herrschenden Anschau-
ungen haben wir nach dem Durchströmen durch
das Regulierventil in der sog. Flüssigkeitsleitung
nicht vorwiegend tropfbare Flüssigkeit, sondern sehr
nassen Dampf.

Dem Gewichte nach enthält hier 1 kg des Kältemittels wohl nur rund 0,1 kg Dampf und 0,9 kg
Flüssigkeit, dem Volumen nach sind aber in einem
cbm des Gemisches nur rund 30 l Flüssigkeit und
970 l Dampf enthalten.

Bei Schmitz trennt sich im Abscheider die
Flüssigkeit vom Dampf, welch letzterer durch die
Saugleitung unmittelbar dem Kompressor zuströmt,
während in den Refrigerator nur die reine Flüssigkeit fließt, zu welcher sich auch noch diejenige
gesellt, welche im Abscheider aus dem vom Refrigerator kommenden nassen Dampf abgeschieden
wurde.

Ein besonderer Vorteil des Schmitzschen Verfahrens für die Wirksamkeit des Refrigerators oder
für die Regulierung hat sich aus den bisherigen
Versuchen nicht ergeben, dagegen ist bei ihm der
Widerstand, welchen der Refrigerator dem ein-
tretenden Kältemittel entgegensetzt, viel geringer,
und es genügt deshalb auch eine geringere Höhen-
lage des Abscheiders zur selbsttätigen Flüssigkeits-
rückführung in den Refrigerator. Hierin liegt ein
Vorteil, wenn man die Pumpe vermeiden will.
Andererseits aber besteht bei Schmitz die Gefahr
des unmittelbaren Überströmens zu groſser Flüssig-
keitsmengen in den Kompressor mit den bekannten
Folgen, wenn man nicht den Abscheider so groſs

bemifst, dafs er die ganze Maschinenfüllung auf-
nehmen kann. Diese Bedingung läfst sich für
kleinere Maschinen ganz gut erfüllen, wenn man
die höheren Kosten nicht scheut.

Die Figuren der Tafel II für die Maschine
mit Überhitzung unterscheiden sich von denjenigen
der Tafel I nur wesentlich im Temperaturverlauf, wie
ihn die Figuren 3 wiedergeben.

In den Figuren 2 und 3 der Tafel II erscheint
die Indikatorkurve als die trockene Adiabate, und
die Überhitzung erreicht jeweils ihren dem Druck-
verhältnisse $\frac{p_v}{p_a}$ entsprechenden Höchstwert, welcher aus der Gleichung für überhitzte Ammoniak-
dämpfe berechnet werden kann.

Während des Hinausschiebens aus dem Kompressor behalten die Dämpfe ihre höchste Temperatur annähernd bei, in der Druckleitung dagegen
geben sie einen beträchtlichen Teil, ungefähr 20
bis 30 Grad an die Luft ab und im Kondensator
kühlen sie sich rasch auf die Sättigungstempera-
tur ab.

Als ein neuer, wenn auch nicht sehr beträcht-
licher Vorteil der Überhitzung tritt hier die Ver-
kleinerung der an das Kühlwasser abzuführenden
Wärme und eine Erhöhung der mittleren Temperatur des Kältemittels im Kondensator deutlich hervor; durch beide Umstände werden die Kondensatordifferenz und der Verdrängungsdruck verringert.

Handregelung des Kompressorganges.

Eine sehr wichtige Rolle bei der Kaltdampfmaschine spielt, wie aus den bisherigen Betrach-
tungen hervorging, die Regulierung des Kompressorganges durch das Regulierventil, und es erscheint

gewifs auffallend, dafs diese Regulierung heute noch
von Hand erfolgen mufs und der Geschicklichkeit
des Maschinenführers anheim gegeben ist. Tatsächlich sind auch schon zahlreiche Einrichtungen
zum Ersatz der Handregulierung durch eine selbst-
tätige versucht und patentiert worden, ohne dafs
sie sich dauernd in die Praxis eingeführt haben.
Wenn wir die Bedingung für den Beharrungszustand und den Reguliervorgang selbst jetzt untersuchen, werden wir auch die Schwierigkeiten der
Aufgabe erkennen und die Vorzüge der Handregulierung zu würdigen verstehen.

Die Bedingung für Erhaltung des Beharrungs-
zustandes in der Maschine lautet:

In der Zeiteinheit mufs durch das Regulierventil die gleiche Gewichtsmenge des Kältemittels
dem Refrigerator zuströmen, als ihm durch den
Kompressor entzogen und dem Kondensator wieder
zugeführt wird.

Beim nassen Kompressorgang ist diese
Bedingung immer erfüllt, da mehr Flüssigkeit dem
Refrigerator zuströmt, als verdampft; die unver-
dampfte Flüssigkeit wird ebenfalls vom Kompressor
angesaugt und dem Kondensator wieder zugeführt;
innerhalb ziemlich weiter Grenzen ist also hier der
Beharrungszustand von der Regulierventilstellung
unabhängig und eine Selbstregelung der Maschine
vorhanden.

Wir sehen aber auch hieraus wieder, wie
in der Praxis beim nassen Kompressorgang
äufserlich für die günstigste Führung keine
Anhaltspunkte gegeben sind und die Leistung der Maschine mehr oder weniger vom
Zufall und der Geschicklichkeit des Maschi-
nisten abhängig ist.

Beim Arbeiten mit unvollkommener Überhitzung, wie es bisher bei Leistungsversuchen üblich war, darf weder zu wenig noch zu viel Flüssigkeit überströmen, denn im einen Fall würde die Überhitzung zu grofs, im anderen Falle zu klein, das Regulierventil mufs also tatsächlich auf eine ganz bestimmte Durchflufsmenge eingestellt werden, welche sich aufserdem im praktischen Betriebe fortwährend ändert und nur im Beharrungszustand annähernd unveränderlich erhalten werden kann. Diese Regulierung ist so schwierig, dafs nur lange Übung und gröfste Aufmerksamkeit sie ermöglicht, aber auch dann pendelt die Druckrohrtemperatur zwischen ziemlich weiten Grenzen hin und her, wie die Veröffentlichungen derartiger Versuche fast ausnahmslos ausweisen. Im praktischen Dauerbetrieb ist sie aber nahezu undurchführbar und äufserst selten zu finden.

Beim Arbeiten mit voller Überhitzung mufs genau dieselbe Gewichtsmenge Flüssigkeit zuströmen, als verdampft und als trockener Dampf zum Kompressor abgesaugt wird, es scheint also die Regulierung ebenso schwierig, wie vorhin, aber trotzdem ist sie beträchtlich leichter und in Amerika seit langem vorherrschend. Die Ursache dieses auffallenden Umstandes ist in einer Art Selbstregulierung der Maschine zu suchen, welche innerhalb gewisser Grenzen eintritt.

Strömt nämlich bei der jeweiligen Stellung des Regulierventils ein geringeres Gewicht des Kältemittels dem Refrigerator zu, als der Kompressor trockenen Dampf absaugt, so sinkt einerseits der Saugdruck und andererseits überhitzen sich die Dämpfe bis zum Eintritt in den Kompressor bedeutend; das Gewicht der abgesaugten Dämpfe

wird dadurch immer kleiner, bis es bei einem be-
stimmten Saugdruck gleich dem zuströmenden Flüssig-
keitsgewicht wird und der Beharrungszustand sich
von selbst einstellt. Dafs diese Selbstregulierung
nur auf Kosten der Leistung eintritt, ist nach dem
Vorhergehenden wohl selbstverständlich. Tatsächlich arbeiten die amerikanischen Anlagen, soweit
aus den Veröffentlichungen bekannt ist, auch meist
mit ungewöhnlich niedrigem, ungünstigem Saugdruck, was hierdurch erklärlich geworden ist.

Beim Arbeiten mit Überhitzungseinrichtung ist der Refrigerator absichtlich mit einer
gröfseren Flüssigkeitsmenge gefüllt, und die Dämpfe
verlassen den Refrigerator sehr nafs. Die Flüssigkeit wird im Abscheider abgeschieden und in den
Refrigerator zurückgeführt, im Kompressor tritt vollkommene Überhitzung ein. Im Beharrungszustand
müfste aber auch hier dieselbe Gewichtsmenge des
Kältemittels durch das Regulierventil strömen, welche
der Kompressor absaugt, und die Regulierung erscheint schwierig. Strömt mehr Flüssigkeit zu, so
müfste sich der Vorrat im Kondensator nach und
nach erschöpfen, und es könnten Dämpfe durch das
Regulierventil übertreten. Die Erfahrung hat aber
gezeigt, dafs diese Gefahr leicht vermieden werden
kann, wenn man die Flüssigkeitstemperatur vor dem
Regulierventil beobachtet und darnach das Regulierventil einstellt. Infolge der Unterkühlung im
Kondensator ist die Flüssigkeit stets kälter als die
Kondensatortemperatur, welche das Mano- und
Thermometer anzeigt; je weniger Flüssigkeit nun
im Kondensator sich befindet, um so mehr nähert
sich die Flüssigkeitstemperatur der Kondensatortemperatur. Damit wird aber auch die Flüssigkeitswärme und die Dampfbildung im Regulierventil,

ebenso der Gegendruck in der Flüssigkeitsleitung immer gröfser und die durchströmende Flüssigkeitsmenge immer kleiner, es tritt also auch hier wieder eine gewisse Selbstregelung ein, welche die Regulierung sehr erleichtert. Tatsächlich kann das Regulierventil nach der Flüssigkeitstemperatur unter gewöhnlichen Betriebsverhältnissen für längere Zeit eingestellt werden, sodafs die Regulierung auf höchste Leistung viel weniger vom Maschinenführer abhängig ist, als bisher. Der Entleerung des Kondensators läfst sich überhaupt ganz vorbeugen, wenn man die abgeschiedene Flüssigkeit, wie schon früher erwähnt, nicht in den Refrigerator, sondern in die Flüssigkeitsleitung zwischen Kondensator und Regulierventil drückt. Wohl entsteht dadurch ein grundsätzlicher Arbeitsverlust, derselbe ist aber infolge der Kleinheit des Flüssigkeitsvolumens verschwindend klein gegenüber dem Arbeitsverbrauch des Kompressors und dem durch die Überhitzungseinrichtung erzielten Gewinn.

Nachdem die Erfahrungen an Maschinen mit Überhitzungseinrichtung unzweifelhaft bewiesen hatten, dafs die Höchstleistung einer Kompressionskaltdampfmaschine nur auf diese Weise dauernd erzielt werden kann, führten sich dieselben rasch in die Praxis ein. Anfänglich blieben Mifserfolge nicht aus, indem einerseits die sichere Rückführung der abgeschiedenen Flüssigkeit in den Refrigerator Schwierigkeiten bereitete und andererseits die konstruktive Ausbildung der Stopfbüchsen- und Kolbendichtungen dem Betrieb mit überhitzten Dämpfen angepafst werden mufste. Insbesondere erwies sich die bis dahin übliche Schmierung der Zylinder durch die Stopfbüchsen als ungenügend. Trotz der bisher befriedigenden Ergebnisse dieses Verfahrens

für nassen Kompressorgang war es doch immer
schon eine Unvollkommenheit, den Stopfbüchsen
zwei einander entgegengesetzte Aufgaben zuzu-
weisen; nämlich die Verhinderung des Ausströmens
von Dämpfen aus dem Zylinder und die Ermög-
lichung des Eintritts von Öl in den Zylinder. Das
dickflüssige Öl haftete beim nassen Kompressorgang an der Kolbenstange und wurde von ihr in
genügender Menge in den Zylinder mitgenommen,
wenn die Stopfbüchse nur mäßig angezogen war.
Beim trockenen Kompressorgang aber wurde infolge
der Überhitzung das Öl so dünn, daß die Adhäsion
desselben an der Stange nicht mehr genügte, und
öfteres Fressen des Kolbens im Zylinder war die
Folge.

Die Gesellschaft für Lindes Eismaschinen ging
daher dazu über, dem Zylinder mittels einer be-
sonders konstruierten Ölprefspumpe unmittelbar Öl
in regelbarer Menge zuzuführen und so die Stopfbüchsen von ihrer Doppelaufgabe zu entlasten. Eine
weitere Unsicherheit und Unvollkommenheit aber
schloß der Betrieb mit Überhitzungseinrichtung noch
dadurch in sich, daß nur ein erfahrener Fachmann
im stande war, die richtige Funktion einer Überhitzungseinrichtung, insbesondere der Flüssigkeits-
rückführung zu erkennen und das Maschinenpersonal
entsprechend zu unterrichten. Häufig glaubte man
im Verschwinden der Bereifung der Saugrohre und
in hoher Temperatur der Druckrohre die Merkmale
für richtigen trockenen Kompressorgang zu sehen.
Dieses Bild erscheint aber auch bei zu weit ge-
schlossenem Regulierventil und bei Ammoniak-
mangel; in beiden Fällen erhält der Refrigerator
zu wenig Flüssigkeit, die Dämpfe verlassen den-
selben schon stark überhitzt, die Leistung wird

minderwertig und die Gefahr des Fressens der
Kolben tritt in erhöhtem Mafse ein. Auf Grund
meiner Erfahrungen stellte ich für das Maschinenpersonal die leicht fafsliche Regel auf: »Druckrohre heifs, Saugrohre weifs«, denn bei richtig ge-
führtem trockenem Kompressorgang bereifen sich
unter gewöhnlichen Betriebsverhältnissen auch bei
heifsen Druckrohren die Saugrohre, wenn auch in
geringerem Mafse. Vollständig abgetaute Saugrohre bei Saugmanometertemperaturen unter — 8° C
lassen fast immer auf ungenügende Flüssigkeitsmenge im Refrigerator schliefsen.

Trotz dieser Unvollkommenheiten boten die
Überhitzungseinrichtungen den Besitzern vorhan-
dener Anlagen ein willkommenes und gern auf-
genommenes Mittel zur Vergröfserung der Leistung
und der Wirtschaftlichkeit ihrer Anlagen und für
neu zu errichtende Anlagen konnten für Maschinen
mit Überhitzungseinrichtung Leistungsgarantien ohne
jedes Risiko gegeben werden, welche weit höher
waren, als diejenige für Maschinen ohne Überhitzungseinrichtung.

Automatisches Regulierverfahren.

Es blieb nun nur noch ein Schritt zur letzten
Vervollkommnung des Betriebes der Kompressions-
Kaltdampfmaschine mit Überhitzungseinrichtung,
nämlich der Ersatz der Handregulierung mittels
des Regulierventils durch ein vollständig automatisches Regulierverfahren. Einen solchen automa-
tischen Regulierapparat bildete die Gesellschaft
Lindes Eismaschinen nach meinen Vorschlägen in
den Jahren 1906/1907 aus, und ich führte mit demselben an einer Kälteanlage in Karlsruhe einen
Versuch durch. Der Apparat entsprach sofort nach

seiner Inbetriebsetzung allen Erwartungen und er-
setzte das Regulierventil vollständig. Ohne jede
Handregulierung erzielte derselbe dauernd richtigen
trockenen Kompressorgang von höchster Wirtschaftlichkeit, auch bei Schwankungen der Kälteleistung
zwischen 50 und 100 %, und unter stark wechseln-
den Temperaturverhältnissen. Selbst bei Stillsetzung
des Kompressors ist eine Absperrung der Flüssigkeitsleitung zwischen Kondensator und Refrigerator
nicht mehr nötig, da dieselbe der Regulierapparat
selbsttätig sicher erzielt.

Die neue Einrichtung ist auf Tafel 3 schematisch dargestellt. Sie besteht im wesentlichen aus
2 Hauptteilen, dem Flüssigkeits-Abscheider und
dem Regulierapparat. Diesem fliefst die vom Abscheider kommende Flüssigkeit, ich nenne sie »die
sekundäre«, selbsttätig zu, ebenso die vom Kondensator kommende Flüssigkeit, ich nenne sie »die
primäre«, und das Gemisch beider Flüssigkeiten
strömt in den Refrigerator über. Der Hauptbestand-
teil des Regulierapparates ist der langsam rotierende
Speisezylinder. Er ist in 3 Kammern geteilt, von
welchen jede oben und unten Langlöcher hat. Be-
wegt sich die untere Öffnung einer solchen Kammer
über die Eintrittsöffnung der sekundären Flüssigkeit, so fliefst diese in die Kammer über und füllt
sie mehr oder weniger an. Durch die obere Öffnung können gleichzeitig die Dämpfe in die Saugleitung der Maschine entweichen, wodurch jeder
Gegendruck vermieden wird. Gelangt die untere
Öffnung über den Eintritt der primären Flüssigkeit, so füllt diese den noch freien Raum der Kammer an, die obere Öffnung bleibt verschlossen, und
die Kammer ist nun mit einem Gemisch von sekun-
därer und primärer Flüssigkeit, sowie mit Dämpfen

von höherem Druck, als er im Refrigerator herrscht, gefüllt. Sobald die untere Öffnung bei der Weiter-drehung des Speisezylinders über die Ausström-öffnung zum Refrigerator zu liegen kommt, strömt die Flüssigkeitsfüllung der Kammer in diesen über.

Es ist klar, daſs um so weniger primäre Flüssig-keit in den Speisezylinder eintreten kann, je mehr sekundäre Flüssigkeit demselben zufliefst und um-gekehrt. Auf diese Weise wird eine Unter- und Überfüllung des Refrigerators, insbesondere aber eine Entleerung des Kondensators unmöglich, und die Kompressions-Kaltdampfmaschine funktioniert vollständig automatisch.

.

NH₃-Kompressions-Kaltdam

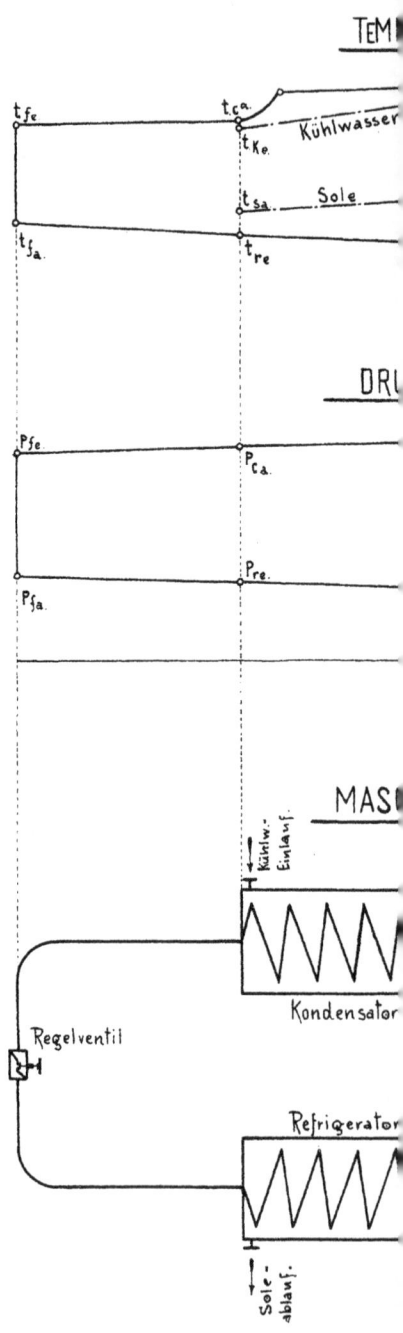

TEM

t_{fe} t_{ca}
                t_{Ke} Kühlwasser

                t_{sa} Sole

t_{fa} t_{re}

DR

P_{fe} P_{ca}

                P_{re}

P_{fa}

MAS

Kühlw.-Einlauf.

Kondensator

Regelventil

Refrigerator

Sole-ablauf.

ne Überhitzungseinrichtung.

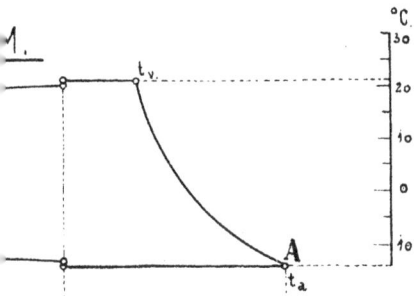

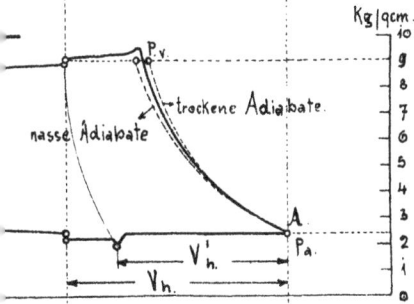

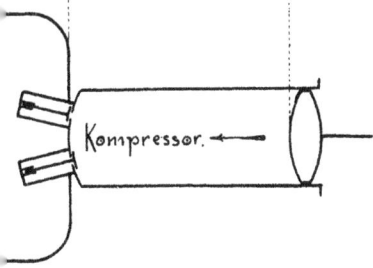

°C.
30
20 t.v.
10
0
-10 A
t.a.

Kg|qcm.
10
9 P.v.
8
trockene Adiabate.
7
6
nasse Adiabate
5
4
3 A
2 P.a.
1 V'.h.
0 V.h.

Kompressor.

Verlag von R. Oldenbourg, München u. Berlin.

NH₃-Kompressions-Kaltdam

TEMP

t_{fe} t_{ca} Kühlwas
t_{ke}

t_{sa} Sole

t_{fa} t_{re}

DF

P_{fe} P_{ca}

P_{re}
P_{fa}

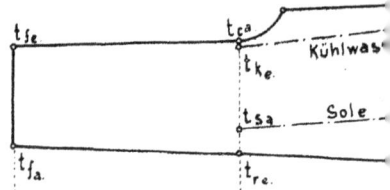

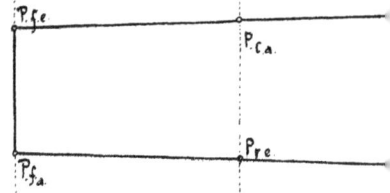

Kühlw.
Einlauf MAS

Kondensat

Regelventil.

Refrigerato

Sole=
Ablauf Fi

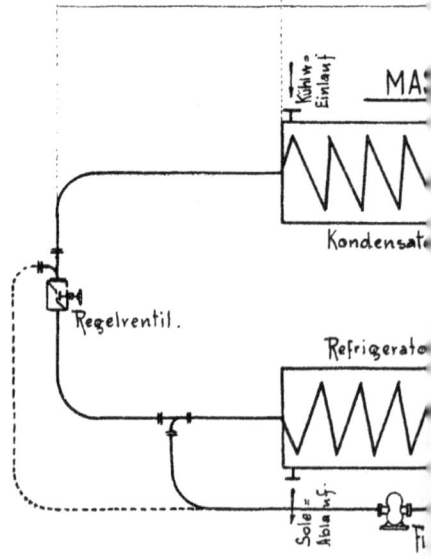

it Überhitzungseinrichtung.

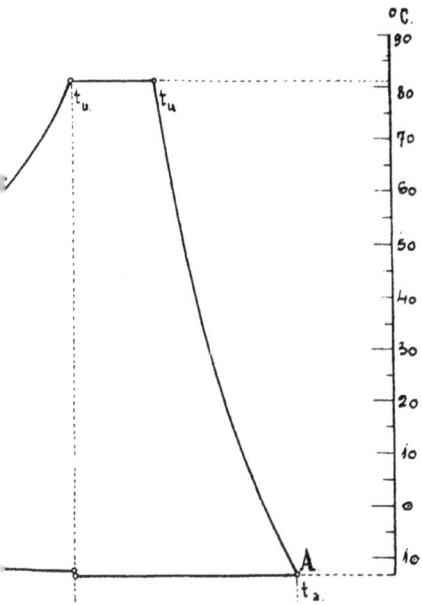

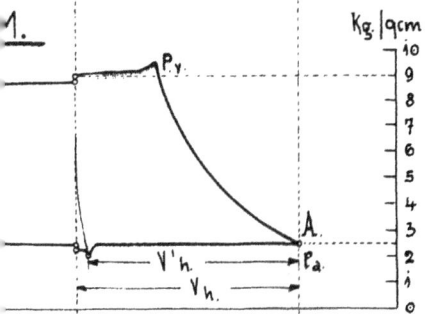

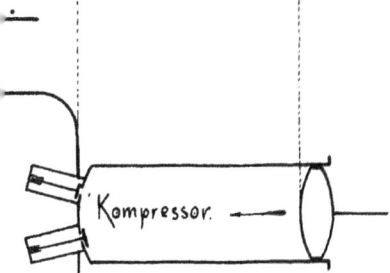

°C.

90
80 t_u t_u
70
60
50
40
30
20
10
0
10   A
t_a

Kg.|qcm

10
9   P.y
8
7
6
5
4
3   A
2   V'_h P_a
1   V_h
0

Kompressor.

scheider.

Verlag von R. Oldenbourg, München u. Berlin.

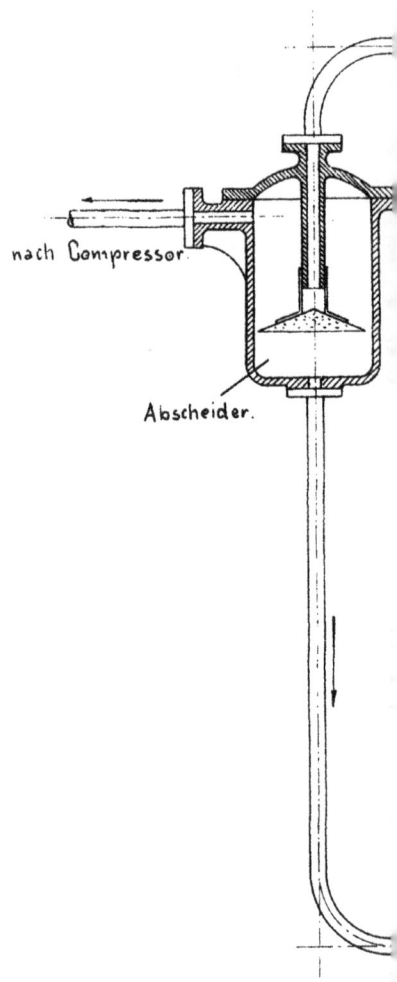

nach Compressor.

Abscheider.

Schnitt A-B.

Schnit

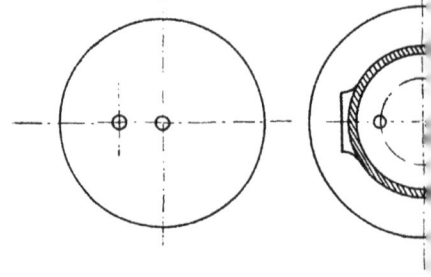

vom Refrigerator.

AUTOMATISCHE
GULLER-VORRICHTUNG

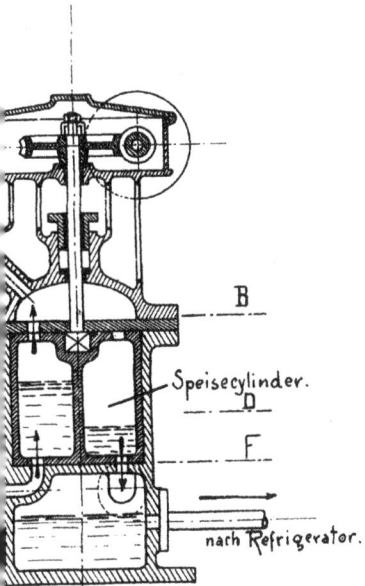

B

Speisecylinder.

D

F

nach Refrigerator.

Schnitt C-D.

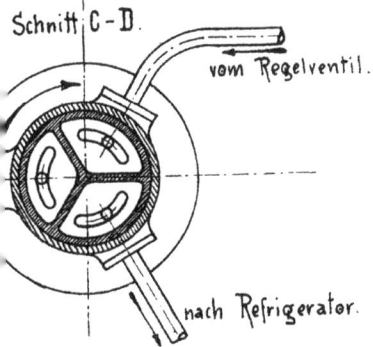

vom Regelventil.

nach Refrigerator.

Verlag von R. Oldenbourg, München u. Berlin.

www.ingramcontent.com/pod-product-compliance
Lightning Source LLC
Chambersburg PA
CBHW081246190326
41458CB00016B/5942